天气与气候

撰文/涂焕昌　　　　审订/刘昭民

中国盲文出版社

怎样使用《新视野学习百科》?

> 请带着好奇、快乐的心情，展开一趟丰富、有趣的学习旅程！

1 开始正式进入本书之前，请先戴上神奇的思考帽，从书名想一想，这本书可能会说些什么呢？

2 神奇的思考帽一共有6顶，每次戴上一顶，并根据帽子下的指示来动动脑。

3 接下来，进入目录，浏览一下，看看这本书的结构是什么，可以帮助你建立整体的概念。

4 现在，开始正式进行这本书的探索啰！本书共14个单元，循序渐进，系统地说明本书主要知识。

5 英语关键词：选取在日常生活中实用的相关英语单词，让你随时可以秀一下，也可以帮助上网找资料。

6 新视野学习单：各式各样的题目设计，帮助加深学习效果。

7 我想知道……：这本书也可以倒过来读呢！你可以从最后这个单元的各种问题，来学习本书的各种知识，让阅读和学习更有变化！

神奇的思考帽

客观地想一想

用直觉想一想

想一想优点

想一想缺点

想得越有创意越好

综合起来想一想

? 哪些气象和水有关？

? 你最喜欢哪种天气？

? 人类研究气象，对生活有什么好处？

? 什么样的天气现象会带来灾害？

? 如果能选择，你想住在什么气候区？

? 哪些气象出现在你居住的地方？

目录 ◼◻
◻◼

◼神奇的思考帽

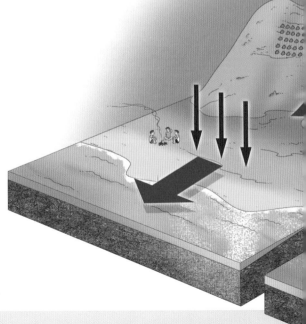

CONTENTS

■专栏

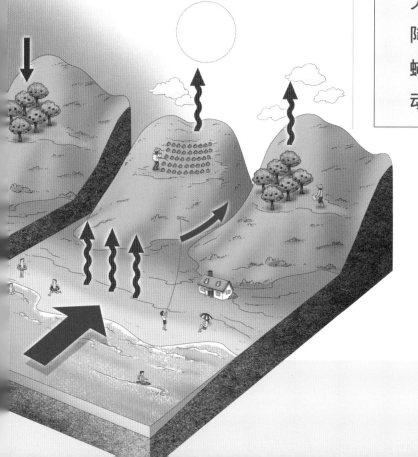

天气观测的演变

(雨量计，图片提供/维基百科)

自古以来人们便察觉到天气的变化，但大多数人始终以神话故事解释这些自然现象，直到16世纪证实大气压力的存在及温度计发明后，人们才开始以科学眼光来观测气象。

简易观察天气

人们对于气象知识的累积，是由观察与描述天气现象开始的。距今三千多年前的中国殷商甲骨文中，就有关于风云、雷

由亚里士多德的学生提奥弗拉斯图斯撰写的《天气迹兆》，提到"牛舔前蹄狗打滚，必有暴风雨降临"的现象，原因是跳蚤在空气潮湿时会变得活跃，促使狗在地上磨背止痒。（插画/刘俊男）

除了中国的相风乌，欧洲在12世纪时，也出现了原理、造型相似的风向鸡，同样用来测定风向。（图片提供/达志影像）

电、雨雪、虹霓等现象的记载；在西方，古希腊三哲中的亚里士多德，则是将前人观察的各种天气现象写进《气象汇论》，内容甚至包含台风及焚风。

此外，人们发现部分事物、动物行为的变化与天气有所关联，而开始利用这些变化来观测气象，例如运用木炭、羽毛吸水性的差异来测量湿度，观察青蛙的鸣叫方式来判断是否下雨。同时，人们也运用一些简单的机械来辅助观测气象，例如中国西汉时期用木制"相风乌"来测量风向。

成书于西汉初的《淮南子》，当中提到以天平悬羽毛、木炭来预测晴雨，原理在于木炭能吸收水气，在阴雨天时会比原本同重的羽毛更重。（插画/刘俊男）

针叶树种的球果，在天气干燥时会因水分蒸干而使鳞片张开，阴雨天则吸收水气而闭合，因此常被人作为判别阴晴的依据。
（图片提供/维基百科）

运用科学仪器

1593年，伽利略发明温度计，紧接着在1643年托里拆利证实大气压力的存在并发明气压计后，欧洲人开始运用科学仪器来度量各种气象变化。1653年，世界第一座气象观测站在意大利的佛罗伦萨正式成立，科学家便展开有系统的天气变化观测，项目包括：温度、湿度、气压、风向、风速与降水量。直到今天，这些依然是最基本的气象观测项目。

在20世纪中期之前，人们只能接近地表进行测量，获得的气象资讯相当有限；但随着科技的进步，气象学家开始能通过高空气球、飞机来取得各种高空气象的资讯，甚至以气象卫星的自动观测，取得大范围的气象云图。

气象卫星与雷达

遥测是指运用大气及地表辐射能量的吸收、反射原理，不必实际接触即能在远处进行测量的方法。自1960年人们发射了第一颗气象卫星起，气象观测便进入了遥测时代；由于卫星是从外太空向地表观测，因此几乎可以全天候、无地域限制地进行各种气象量测。另一种能进行遥测的观测工具是雷达，它是利用电磁波的吸收、反射原理，来对特定目标进行风、雨的观测；由于机动性高，常被用于观测台风和龙卷风等剧烈天气变化。

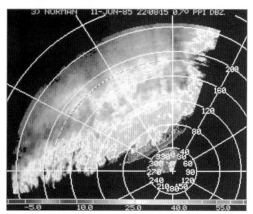

气象雷达是通过被云层水滴反射回来的信号来侦测大气状态，因此信号愈多、愈强，该处的水滴也就愈多、愈大。（图片提供/NOAA）

蛙类的皮肤对空气中的湿度极为敏感，风雨来临前湿气大，促使蛙类鸣叫，成为早期人们预测天气的方法之一。（图片提供/简瑞龙）

天气变化的原动力

阳光、空气和水被合称为生命的三要素，同时也是天气产生变化的基本因素。空气流动产生了风，风推送各种天气现象，使我们感受到天气变化；水的蒸发和凝结，造就了云、雨、雾、雪；而在背后支撑这些变化的，正是阳光源源不绝提供的能量。

 ## 地表能量的来源：太阳辐射

太阳是太阳系的主宰，它是一个温度极高的大火球，时时刻刻均匀地向四周放射强大的辐射能量，称为"太阳辐射"。太阳辐射经过漫长路程抵达地球后，会受到大气层的吸收、反射、散射等作用而逐渐减弱，最后剩下的辐射才会到达地表。在这个过程中被大气和地表吸收的太阳辐射，会被转换成各种形态的能量，成为地球表面所有活动的原动力。

地表的各种天气现象，主要起因于太阳辐射加热地表空气及水体所造成的空气对流及水的三相变化。（插画/吴仪宽）

被大气层反射的太阳辐射。

太阳辐射被大气层吸收后再辐射。

由高纬地区向低纬地区流动的风。

地表空气被加热形成上升气流。

经过大气层过滤的太阳辐射，加热地表及海洋。

海水被太阳辐射加热，蒸发后凝结成云，再经降雨返回海洋。

因海陆吸热差异引起的风。

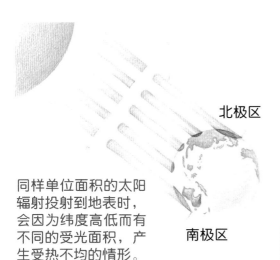

同样单位面积的太阳辐射投射到地表时，会因为纬度高低而有不同的受光面积，产生受热不均的情形。（插画/张文采）

北极区

南极区

赤道附近的新加坡虽然常年太阳直射，但因周边海洋吸热和储热，加上海风吹拂，因此并不会过于炎热。（图片提供/维基百科）

四季的变化

地球永不止息的自转运动，造成了日夜变化；而地轴以倾斜23.5°绕着太阳作椭圆形轨道的公转，则为地球带来四季变化。地球沿着公转轨道运行一圈的时间，是地球上的一年。当北半球处于夏天时，太阳直射北半球，我们会接收到较多的太阳辐射能量；南半球则因为太阳斜射，接收到的太阳辐射较少，所以是冬天。当地球公转到太阳直射南半球的位置时，南半球的季节就变成夏季，而北半球则转为冬季。

长波辐射与云的保温效果

在白天，地表吸收了太阳短波辐射，温度随之上升；地表变热后，也会向天空散放辐射，由于波长比太阳辐射长，因此称为"地面长波辐射"。太阳辐射的波长较短，能穿透大气和云层直达地表；但地面长波辐射的波长较长，向天空发散时，会被大气和云层（主要是二氧化碳和水汽）所吸收，进而转换成热能，这个作用称为"温室效应"。科学家曾估算过，如果没有了温室效应的保温效果，地表平均温度会比现在低30℃。

缺乏植被的沙漠地表极易接收太阳辐射，并转化为长波幅射发散热能，导致沙漠地区的日夜温差极大。（图片提供/达志影像）

位于高纬区的南、北极圈，接收到的太阳辐射较少，终年低温，海洋大多被冰封住。（图片提供/U.S. Navy）

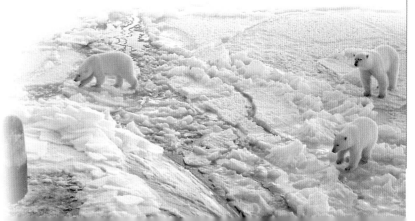

水循环

（摄影/简瑞龙）

从天而降的雨水，蕴藏在地底下的井水、泉水，以及奔流于河川、海洋的水，虽然形式不同，但它们都是在同一个循环系统里的水资源。

水循环

大气中的水，通常以云或降水的形式出现，而云层活动及降水分布的不同，决定了各地天气的差异。
（图片提供/维基百科）

天上不断降雨下雪，但为什么地球不会被水淹没？其实，大自然存在着一个庞大的水循环系统，水在大气、海洋与陆地这三个"大储存槽"中不断移动，总量并没有改变。科学家估算过，目前地球表面的水，和46亿年前地球刚形成时的水总量，几乎是一样的。

大气中的水汽，主要是由海洋、地表土壤、地面水的蒸发及植物的蒸散作用而来。水汽通过大气环流传送到各地，部分会凝结成液态或固态水，再以降水的方式回到地面，其他部分则留在大气中。降落到地面的水，以许多方式留存在地表：贮存于海洋；形成积雪和冰层；被土壤吸收成为地下水；被生物吸收利用；或是形成河川、湖泊等地面水系

水循环的原动力来自太阳，太阳提供水蒸发的热能，制造空气对流促使水汽凝结成云并降水。雨水降落后，可以留存在海洋、湖泊及河川，也可以深入地表，成为地下水。（插画/张文采）

海洋是地球表面最大的水体，但是海水中溶解了大量盐分及矿物质，人类无法直接饮用。

统。有了水循环，水才能被永续利用。

水资源分布不均匀

虽然自然界的水总量是不变的，但是水的存在形态和分布位置的比例却非常不平衡：97%的水以海水的形态储存于海洋，只有3%存在于陆地与大气中；这3%中，又有75%是以冰的形态存在于极地或高山，能直接被人类使用的"淡水"不到水总量的1%。此外，这些可利用的淡水在地表分布的情形也极不平衡，非洲和中东地区一直处于严重缺水状态，

高山或高纬度地区常年低温，使得降雪经久不融，成为固态水留存于地表。（图片提供/维基百科，摄影/Daniel Schwen）

水的战争

日常生活中处处都需要水，但是很少人会察觉到淡水短缺的严重性。事实上，中东地区与非洲都曾为争夺淡水资源而发生战争。1997年联合国地球高峰会曾指出："若是我们沿用目前使用淡水的方式，到2025年，将有近2/3的人会面临严重的缺水问题。"由于全球气候变迁影响，各地的降雨形态都在改变，可使用的淡水资源越来越不稳定，如何维护并善用水资源，将是各国必须面对的最大问题。

在沙漠地区，不仅缺乏河川等地面水，连可供饮用的地下水资源都十分有限。（图片提供/GFDL，摄影/Alexandrin）

而北美洲和大洋洲地区则拥有较多的淡水。相对稀少的淡水，成为另一种众人竞相争夺的资源。

大气层

如果把地球缩小成一颗苹果的大小，保护我们的大气层大约只有苹果皮的厚度而已。各式各样的天气现象，就在这层薄薄的大气里发生。

大气的组成分子

大气主要是由氮和氧所组成，占了总量近99%；另外1%，则是由二氧化碳、臭氧、水汽、尘埃等其他气体或固体微粒所组成。虽然各种气体占的比例很悬殊，但是都具有特殊的功用：氮是土壤

高纬区夜晚常见的极光，是太阳喷出的带电粒子流（太阳风）与热层中的电离气体作用所造成的。（图片提供/维基百科）

由气象卫星拍摄到的云层、台风或是锋面，都是存在于对流层的天气现象。图为温带气旋云图。（图片提供/NASA）

中肥料的主要成分，氧是地表生物呼吸的必需物质，二氧化碳是植物进行光合作用的必需物质，臭氧能过滤来自太阳过量且致命的紫外光。此外，水汽的三态变化，在吸热和放热之间，能导致各种天气变化；尘埃则是水汽凝结成水滴时，不可或缺的成分。

大气层的垂直分层

高山上的气温总是比平地低，但是大气温度却不是由地表一直向上递减，而是有些地方热，有些地方冷。大气层由低到高可以依温度区分为"对流层"、"平流层"、"中间层"及"热层"。

"对流层"是最接近地表的一层，大气总量约80%集中在这里。由于直接受到地表加热作用、日夜及季节变化的影响，空气会有垂直和水平的对流运动，几乎所有的天气现象都在这里发

生。对流层之上是"平流层"，这里聚集了许多臭氧，能大量吸收紫外线，并转换成热能加热大气，所以温度随着高度而递增。平流层之上是"中间层"，这里的空气非常稀薄，由于没有臭氧帮助增温，越向上气温会一路下降，到达大气中的最低温。最上面是"热层"，这里几乎已无空气，气温会随高度急剧上升，一路延伸至无边际的太空。

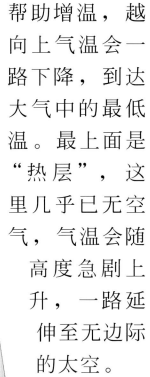

由于平流层的大气活动较稳定，大型喷气客机多选择在这里飞行，有利于航行安全。（图片提供/达志影像）

天空破大洞

在大气的平流层中，臭氧大量吸收对生物有害的紫外线，让抵达地表的紫外线的量可以被生物接受。但是科学家利用人造卫星观测发现，南极大陆上方的臭氧浓度正急剧下降，臭氧层开始出现破洞且逐年扩大；当臭氧层遭受破坏，过量的紫外线便可能穿过臭氧层直达地表，造成生物皮肤病变。经实验证明，喷雾剂中的氟氯碳化合物能将臭氧分解成氧气，是造成臭氧浓度剧减的主因。目前，各国已大量减少使用这类化学物质，希望能减缓臭氧层被破坏的速度。

热层

80,000米

50,000米

世界最高峰——珠穆朗玛峰，高度约是对流层最高处的一半。

中间层

受到重力影响，离地面愈远，大气层的气体密度愈低。（插画/吴仪宽）

平流层

对流层

对流层的高度因纬度而异，低纬区可达18,000米，高纬区仅约9,000米。

大气压力与风

（图片提供/维基百科）

看不见、摸不到的风从哪里来？这个问题在17世纪以前没有人能解释。1640年，科学家托里拆利与帕斯卡证明了"风只是空气在移动，一股单纯的气流而已"后，人们才逐渐明了大气压力与风的关系。

 ## 大气有重量吗

包覆地表的大气受到地心引力吸引，会产生一股向下的挤压力，这就是大气压力的来源。科学家特别以"气压"来描述大气的压力，它的意

位于雅典的风塔建造于公元前1世纪，八角形的塔身顶部雕有8位不同性格的风神，对应不同风向的风。（图片提供/维基百科）

义是：单位面积上的空气总重量。空气的重量由地心引力和空气密度决定，而改变空气密度的因素有很多，最直接的就是温度：当空气被加热时，体积会膨

托里拆利实验

托里拆利是17世纪的意大利科学家，他最有名的实验就是利用水银与试管，证实了大气压力的存在：他将一根长试管注满水银，然后迅速将管口倒转，没入一个水银槽内；这时试管内的水银有一部分因本身重量而流入水银槽，但会有高约76厘米的水银柱保留在试管内。由于试管内是真空的，能顶住水银留在试管内的力量，就是大气压力。他后来发现，当天气转变时，水银柱的高度也会有所变化；后来科学家就依据这个原理，发明了测量气压的"气压计"。

现代的气压计内多以一个真空金属盒取代托里拆利的水银柱，通过金属盒的膨胀和收缩来测量气压。（图片提供/达志影像）

登山者攀登高山会面临高山症的问题，是因为高山空气密度低所造成的低气压，会引起身体不适。（图片提供/达志影像）

龙卷风是一个水平范围极小的气旋系统，由强大气压梯度力造成剧烈的空气对流，风速高、破坏力惊人。（图片提供/NASA）

 ## 风从哪里来，要去哪里

胀，密度变小、重量减轻，气压也就下降；相反，当空气的温度降低时，气压就会上升。

风，就是空气的流动，也就是气流，这和气压有很密切的关系。当气压有了高低的差别，就会产生一股力量，将空气由气压较高处往较低处推送，就像水由高处流向低处一样。这种由气压差别所产生的力，叫作"气压梯度力"；两地气压相差越大时，它们之间的气压梯度力就越大，风也就越强。此外，空气流动时，并不一定是直行，它会受到地球自转所产生的"科氏力"与地表摩擦力影响，而偏移方向。我们常见的西南气流、东北季风路径，就是由这三种力的综合作用来决定。

热气球内的空气经加热后体积膨胀、密度变小，因此热气球内的气压要比外面的大气低。（图片提供/维基百科）

科氏力是由地球自转所造成，会使北半球的物体进行直线运动时向右侧偏移，南半球的物体则向左偏移。（插画/张文采）

同一地点，会因为昼夜温差的不同，而产生截然不同的风向变化。图为海、陆风及山、谷风的风向示意。（插画/吴仪宽）

夜晚时，海洋及山谷的气温下降慢，温度相对较高，造成风向海面及山谷吹。

白天的陆地及山坡气温高，带动风向陆地及山顶流动。

山风将空气带往山谷，使得水汽在谷中凝结成雾。

谷风将空气抬升至高处，促使水汽凝结成云。

天空中的水——云、雾

（图片提供/NOAA）

晴天时的"白云"、雨天的"乌云"，以及会让人看不清四周景色的雾，都是飘浮在空中的水，它们只是以不同形态出现而已。

 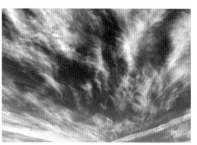

左图：高积云是大小差不多的云块，以多列成片的方式规律排列，时常伴随好天气出现。（图片提供/NOAA）

右图：卷云的分布高度在6,000米以上，平行分布的外形呈丝状是最大特征。（图片提供/GFDL）

千变万化的云

大气中的水蒸气，绝大部分是从地表蒸发而来，但是空气无法永无止境地吸收水汽，它总会到达一个饱和状态，这时原本看不见的水汽就会开始凝结，变成肉眼可见的小水滴。当这些小水滴聚集并飘浮在空中，就成为我们看到的云。什么因素决定空气能吸收多少水蒸气？"温度"是最直接的因素：温度较高时，空气可以吸收大量的水蒸气；温度降低时，可吸收的水蒸气就会减少。

云的种类有很多，可以大略分成"卷云"、"层云"和"积云"，它们有各自对应的天气：白色、羽毛状的卷云常出现在晴天；厚实、满布天空的雨层云常出现在雨天；当天空出现巨大城堡般的积雨云时，就表示天气很不稳定，快要有变化了。

常出现在晴朗天气的积云，最符合一般人对云的普遍印象——如花椰菜般大块散开，状如棉花糖或羊毛。（图片提供/维基百科，摄影/Chang1c）

云中的黑色巨人——积雨云

积雨云的分布高度，可以从近地面向上延伸到6,000米以上，云层中往往有强烈的空气对流及闪电发生。（图片提供/NOAA）

又湿又暖的夏天，天空中常可见到积雨云：它是一种能自地表往上发展至极高处的暗黑积云，外观常是巨大的山形。在它影响的小小范围里，天气会和其他地方完全不同：下着暴风雨，甚至挟带着冰雹。积雨云常在短时间内形成，为地面带来很大的灾害。台湾夏天常见的"西北雨"就是这种云所带来的：雨总是来得很快很急，有时还下着冰雹，但是时间不长，一下子就散去了。

当风将低空云层吹至山区时，也会使山区笼罩在浓雾中，形成"山下观云，山中望雾"的景观。（图片提供/维基百科）

层云出现时，往往会挟带着绵绵细雨，是阴雨天气的典型象征。（图片提供/GFDL，摄/Simon Eugster）

伸手不见五指的雾

雾和云的形成原因有点类似，也是由水蒸气凝结形成，最大的不同是它需要稳定的大气环境，形成高度也较接近地表。很多环境都会引发雾的生成，最常见的有两种：在冬、春两季，当湿暖空气飘过干冷的地表时，就会发生浓雾；另外，在凉爽无风的夜晚过后，次日清晨也常有雾形成。浓雾发生时，会使能见度下降，对交通造成严重影响；但只要有风吹过，雾就会散去，视野也能恢复正常。

雾气浓重时，会遮蔽视线，甚至无法看到远方景物，严重影响汽车行驶的安全。（图片提供/GFDL，摄影/Willtron）

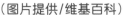

单元 7

雨和雪

（图片提供/维基百科）

液态降水：雨

天空为什么会下雨飘雪？它们是从哪里来？雨和雪都是大气中的水汽，凝结后由天空落至地面，而它们的形成都和云有密不可分的关系。

右图：通过显微镜观察冰晶，可以看到很明确的六角形结构。（图片提供/USDA）

雨雪的成因大致相同，差别只在于形成过程的气温差异，但冰雹则是来源于云层中的强烈空气对流。（插画/吴仪宽）

在云里，空气中的水汽凝结成体积非常小的水滴，这些水滴受空气浮力支撑，能飘浮在空中。当这些微小水滴形成较大的水珠，让空气浮力无法支撑时，便掉落到地表成为雨。微小水滴长大成大水珠，需要经过一连串复杂的过程，其中主要是"合并过程"和"冰晶过程"：微小水滴在云中上下浮动时，会不断和其他水滴碰撞而合并，体积因此变大，这是"合并过程"；

细小雨滴

细小冰晶

上升气流推动冰雹再次上升。

云层温度高于冰点。

云层温度低于冰点。

冰雹

热带暖雨

雨

雪

若在温度低于0℃的高空，冰晶会吸收附近的水汽而长大，等到够重便往下掉落，这就是"冰晶过程"。冰晶在掉落过程中若是融化成水，就会成为雨。

露与霜

在晴朗无风的夜晚过后，常看到汽车顶或路旁小草上覆着很多小水珠，这就是"露"。这是由于夜晚的地表温度急速下降，以致地表附近的空气达到饱和，无法容纳的水汽便开始凝结并聚集在物体上，形成露水。若空气温度低于0℃，水汽便会直接升华成冰晶，附着在物体上形成"霜"。当霜遍布在地表，过低的温度和冰的重量常造成植物冻伤或是枝叶折断，对农作物造成很大的损失。

空气中的水汽含量及温度是影响霜形成的要素，水汽含量愈多，凝结成的霜愈厚。（图片提供/GFDL，摄影/Alexanderz）

降水活动与云有密切关联，因此在没有云的地区，就不会有降雨出现。（图片提供/NOAA）

在云层中冰晶经过反复的合并所形成的雹，可达高尔夫球的大小。（图片提供/NOAA）

固态降水：雪与雹

雪的形成过程和雨十分类似，只是形成温度较低。如果大气的温度很低，云中冰晶经过"合并过程"和"冰晶过程"，由小长大往下掉落的过程都是在0℃以下进行，掉落到地表的就是固态降水的"雪"。夏季时，如果大气不稳定，强烈的上升气流让冰晶停留在空中的时间拉长，它就有足够时间形成体积比雪片大很多的雹。雹降落到地表时，由于重力加速度的影响，能产生强大破坏力，常对建筑物或农作物造成严重损伤。

在温带和寒带地区，当气温低于0℃时，下雪是主要的降水方式。（图片提供/GFDL，摄影/Andreas Schmitz）

闪电与雷

（图片提供/NOAA）

　　闪电与雷是最具张力的天气现象，它们发生的速度快、猛烈又危险。自古以来，人们对雷电又敬又畏：东方人认为是上天在惩罚坏人，西方人认为是天神宙斯生气了，其实这是云中的正、负电荷激烈作用所产生的现象。

云地放电是指雷雨云与地表因正负电荷感应而造成的放电现象，发生的比例虽小，却往往会击毁建筑和设备，甚至击伤人。（图片提供/NOAA）

左图：云内放电发生在雷雨云内部，是最常发生的放电现象，几率比云地放电要高出许多。（图片提供/维基百科，摄影/Steffen May）

闪电：大气的放电反应

　　大气状态不稳定时，云里面的强烈对流会使冰晶急剧碰撞，产生电荷，云粒子变成带有正、负电荷的带电状态。正电荷会往云的顶部集中，负电荷则往云的底部汇集，上下的电位差会逐渐增大；同一时间，地表也会受云底部负电荷的感应而聚集大量的正电荷。当上下的电位差达到一定程度时，云里面、云和地表之间，便会发生放电现象，这就是我们所看到的"闪电"。

闪电的成因：云层中产生的正、负电荷，与地表或其他云层的电荷感应而放电。（插画/吴仪宽）

累积足够电荷时，放电现象即开始发生。

云内的强烈空气对流促使电荷产生。

上升气流形成积雨云。

雷：闪电的怒吼

闪电是自然界发生的大规模放电现象，一次雷击挟带的电能，可以供近8,000台烤面包机同时工作。（图片提供/维基百科）

"雷"常和闪电伴随发生，它其实是闪电发生时，空气被电流急速加热而膨胀后产生的噪音。虽然雷与闪电在天空中几乎是同时间、同地点发生的，但由于光的速度比声音快上许多倍，所以我们会先看到闪电，经过一段时间后才听到雷声。当雷电出现时，急剧放电会使温度急速上升，使水分在瞬间蒸发为水蒸气，并产生极强大的破坏力，这就

是我们看到路边树木被雷电击中后，枝干会烧焦或折断的原因。

富兰克林发现了电

1752年，美国科学家富兰克林进行了一项惊险的实验，证实了电的存在。他利用风筝把尖细的金属线飘送到乌云中，成功地接引云中的电至地表，并亲身体验到被电击的痛麻感觉。有了这样的感受后，他后来就发明了避雷针，能在闪电和雷发生时，引导电荷到特定的安全地方，以避免人员伤亡或建筑物受损。他的这些实验成果，引起各国科学家的好奇，开启了后人研究"电学"的新时代。

富兰克林的实验开启了电学研究，但实验本身却极端危险，科学家强调：任何人都不宜尝试复制富兰克林的风筝实验！（图片提供/维基百科）

被闪电击中的树木，内部被闪电挟带的巨大能量加热而烧焦，树干本身也因为内部瞬间产生大量水蒸气而炸裂开来。（图片提供/维基百科，摄影/L. Fdez）

气团与锋面

（图片提供/NOAA）

收看气象预报时，常听到高气压、低气压或锋面将影响天气的报导，这些大气现象都是影响天气变化的重要因素。

气团与高、低气压

地表各地的空气会依当地环境而带有不同的特性，例如：寒冷陆地上的空气比较干、冷，而温暖海洋上的空气则比较湿、暖。这种具有各种特性的空气团块，称为"气

当高气压长期笼罩在一个地区时，会造成当地久旱不雨，再配合其他的气象因素，往往会造成所谓的沙漠气候。（图片提供/达志影像）

团"，如：冷气团、暖气团等。除了水汽含量及温度，气团的压力大小也可以作为区别的依据：气压比周围高的称为高气压，反之就是低气压。通常，高气压存在的地区会产生下沉气流，云雨不易发展，天气比较晴朗；而低气压盘据的地区上升气流较旺盛，云雨容易发展，天气就比较不稳定。天气会产生变化，就是大气中的各种气团四处移动，将不同性质

当冷锋形成时，位于交界面的暖空气会被冷空气推挤而上升，形成挟带大量水汽的积雨云，为当地带来大量降雨。（图片提供/维基百科，摄/Arnold Paul）

的空气加以推移而产生的结果。

冷锋与暖锋

除了高气压与低气压，还有一种大气现象会影响天气变化，就是"锋面"。当不同性质的气团移动时，会接触而互相推挤，它们的交界面就称为"锋面"；在天气图上，常以一条侧面带有箭头或半圆的曲线来表示锋面。锋面依成因而有所区分，当冷气团的势力较强而推挤暖气团时，产生的锋

冷、暖锋产生时，会因为冷、暖空气的不同作用方式，而产生不同种类的云层及降雨方式。（插画/张文采）

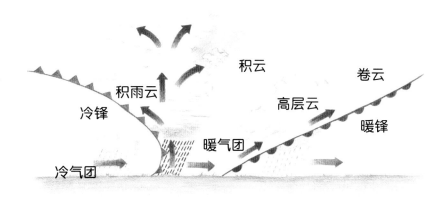

面称为"冷锋"；相反，当暖气团强力推挤冷气团时，则称为"暖锋"。锋面所在地的天气往往不稳定，常会发生降雨，冷锋带来的雨势较大，而且大多是间歇阵雨；暖锋通过时，则常有大范围的绵绵细雨。

低气压出现时，往往伴随着活跃的空气垂直对流，进而促使当地下雨或降雪。（图片提供/达志影像）

滞留锋

除了长江流域等地，东亚的日本、韩国也会因为滞留锋的作用而发生"梅雨"。（图片提供/达志影像）

如果冷、暖气团的势力相当，有时向冷空气区域推进，有时向暖空气地区移动，在某地区徘徊一段时间的锋面，就称为"滞留锋"。在这期间，这个地区会处于长时间下雨的天气状态。春末夏初，盛行于长江一带的"梅雨"，就是由北方的冷气团与太平洋南方的暖湿气团，因势均力敌而产生滞留锋所造成的。

季风

(图片提供/维基百科)

我们在冬季常听到气象预报："受东北季风影响，天气将转为……"夏季则听到："受旺盛西南气流影响，天气是……"东北季风和西南气流，都是随着季节而变换风向的季风，影响着大范围的天气变化。

随季节变化的风

由于海洋、陆地吸热能力不同，会使邻近的海、陆地区产生温差：冬季时陆地气温较低，海洋气温较高；夏季时则相反。这种大范围的冷暖差别，会形成两股势力强大的高、低压势力：冬季时，陆地由高气压所笼罩，海洋上则是

6—9月是南亚季风区的雨季，这期间由非洲方向吹送来的西风会从印度洋带来丰沛水汽，成为该地区最重要的降雨来源。（图片提供/达志影像）

低气压的势力范围；夏季则相反。由于陆地、海洋上的高低压势力随着季节而转换，因此风向也会跟着变化。这种随季节而变化的风，称为"季风"。

印度夏季季风带来的雨水，可以补充农业灌溉及民生用水，但也时常因降雨时间过长或雨势过大而造成水患。（图片提供/达志影像）

东亚季风地区的农业活动与季风息息相关，夏季季风提供的大量雨水，对农业用水相当有帮助。（图片提供/达志影像）

季风的影响

世界各地都有规模大小不一的季风系统，如南亚的印度，东亚的中国东南沿岸、中南半岛东岸、菲律宾群岛，澳大利亚北部、北美洲东南部以及南美洲的巴西东部等，其中又以东亚及印度的季风最著名。以东亚季风为例：冬季时，西伯利亚的强大高压系统，将干冷的风由内陆往外吹送，使整个东亚都笼罩在冬季季风的范围内，形成普遍干冷的气候；夏季时，亚洲大陆转变为低压系统，西太平洋上则成为高压中心，挟带着暖湿水汽的夏季季风会由海洋吹向陆地，让整个季风地区变得湿热、多雨。不同风向及性质的冬、夏季季风变化，决定了季风地区四季的冷、暖、干、湿。

东亚和南亚是世界上季风变化最显著的季风气候区，这些地区的季风变化，可用1月和7月的风向来作为代表。（插画/吴仪宽）

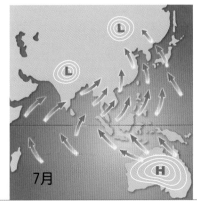

7月

1月

季风系统内的地区差异

在同一个季风系统的影响范围内，不同地区会因为纬度位置、地形及海陆相对位置，而有不同的气候特征。以台湾及华北地区为例：在季风风向方面，台湾的冬、夏季季风方向分别为东北风及西南风，但华北则以北风、南风为主。在雨量方面，由于台湾四面环海，因此冬、夏季季风都会自海上挟带丰沛水汽；但华北位于内陆，受到地形阻隔，即使是来自海上的夏季季风，也无法为华北地区带来太多雨量。

同样位于东亚季风区，北京却由于距海较远、纬度较高等因素，年均降雨量只有644毫米，远低于台北的2,100毫米。（图片提供/达志影像）

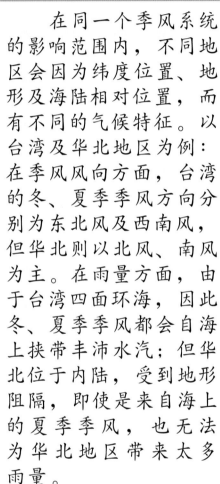

台风

（图片提供/NOAA）

"台风"是各种气象中最具破坏力的天气现象之一，会造成严重的人员伤亡及财物损失，但它也是许多地区重要的雨水来源之一，令人又爱又恨。

威力惊人的台风

在热带地区的洋面上，强烈的日照会产生旺盛的空气对流及大量水汽，从而形成热带性低气压。当热带性低气压自洋面吸收水汽与热量后，

"台风"与"飓风"的成因、结构及破坏力并没有差异，差别只在于形成的地区不同。
（图片提供/NOAA）

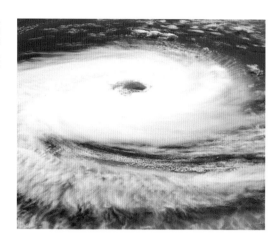

内部空气会向上对流，并在高空向四周辐散，形成大规模的环流系统。当它的中心风速达到每秒17.2米时，台风就形成了。不过，只有发生在北太平洋西部的热带气旋才被称为"台风"，形成于北太平洋东部或大西洋的则被称为"飓风"。

在结构完整的台风中，接近中心部分的"眼墙"，是风雨最大、威力最强的地方，往外则是一层层的"螺旋雨带"，形成

一个发展成熟的台风，暴风范围可以涵盖整个菲律宾群岛，云层高度可达12,000米，会影响飞行安全。
（插画/吴仪宽）

台风外部气流方向

眼墙

绿色箭头表示台风眼的下沉气流。

台风内部气流方向

上升气流

台风眼

半径达数百千米的暴风范围。但中心的"台风眼"是气流沉降区，会使区域内无风无雨，天气晴朗；

焚风

当气流经过高山时，气团会因为高度爬升而降温，使得团块中的水汽逐渐凝结成云而下雨。当气团翻过山脉沉降时，因为高度降低而增温，但这时气团中挟带的水汽已经比原来要少得多，在缺乏水汽吸收热量的情形下，气团的温度将比原来高。这种气团翻山增温的现象，在台风来时特别明显，带水汽的强风吹过高山时，会在迎风面降下大雨，但是气团抵达背风面后，空气则变得又干又热，形成所谓的"焚风"。

干燥、高温的焚风所经之地，植物常因水分过度散失而变得干枯焦黄，甚至引起森林火灾。（插画/张文采）

气流被地形抬升，挟带的水汽凝结形成降雨。

气流翻山后温度升高。

台风除了带来大量雨水引起水患，强劲的阵风更会吹垮房屋、建筑设施，造成严重的财物损失及人员伤亡。（图片提供/达志影像）

而台风的强度越强，对比就越明显，成为特殊的天气现象。

台风的形成与旅程

每年平均有3成以上的热带气旋发生在太平洋西部，其中又以菲律宾以东的北太平洋海域数量最多，这里是台风的主要形成地。台风生成后，它的行进路线会由周围的大范围气流所决定。以菲律宾东方海面的台风为例，它会被赤道北侧的东北信风吹送而往西前进，再因太平洋副热带高压带动而顺时针转往北前进。不过，每个台风的实际行进路线并不一样，原因在于台风路径的周围会有其他天气系统的干扰，使得台风路径难以掌握。

即使台风本身没有登陆，但在暴风圈（7级暴风范围）内的地区，仍会受到台风带来的强风暴雨影响。（图片提供/达志影像）

洪水与干旱

洪水与干旱都是与降雨密切相关的气象灾害，它们直接冲击着我们的生活必需品——饮用水和粮食。历史上许多古文明的兴衰，都与这类大规模的自然灾害有关。

 ## 雨下太多了 —— 洪水

在《圣经》故事中几乎使人类灭绝的大洪水，就是由连续性暴雨所造成。（图片提供/达志影像）

"洪水"是指在短时间内发生大量的降雨，或是长时间的连续性降雨，使得土壤或河川系统无法及时吸收和排放，以致发生水患。前者常与温带、热带气旋（如台风、飓风）及其周边气流挟带的大量水汽相关，后者则起因于大规模持续性的异常上升气流。当洪水发生时，山区常会因为土壤严重冲刷并流失而形成泥石流；在平地，则会因为河水暴涨而冲毁邻近的住宅、桥梁或农田。除了直接造成财物损失，洪水退去后带来的积水和冲刷物，如果处置不当，还可能造成大规模传染病的发生。

农作物生长需要水的灌溉，但若雨水过多造成水患，则会将农作物淹死或泡烂，造成重大损失。（图片提供/达志影像）

一场台风带来的雨，可以在短时间之内累积75—150毫米的雨量，这种规模的暴雨经常造成水患。（图片提供/达志影像）

雨下得太少了——干旱

"干旱"是指长时间、持续性的降雨缺乏和不足，所造成的气象灾害。干旱会导致水资源严重短缺，进而造成人们生活用水不足与农作物的生长困难，让受灾地区蒙受重大损失。干旱的发生和大范围的大气环流异常有密切关系，因为降雨的先决条件是水汽充足与云的形成，若是原本能促使云发展的上升气流消失，或是带来水汽的气流改变方向或位置，就会促成干旱的发生。最典型的情形，是具有强烈下沉气流的高气压取代了原本带有上升气流的低气压，并持续笼罩在某地，这时就

干旱严重时，甚至会使河川湖泊等地面水系统干涸或消失。（图片提供/达志影像）

人工降雨

干旱发生时，大家都希望能赶快下雨，解除旱象。在符合某些特定条件的情况下，可以通过人工降雨的方式来缓解干旱的现象，如果大气中含有饱和的水汽，却缺少能让水汽凝结成雨滴的凝结核，这时可以将碘化银或干冰洒入云层充当凝结核，促成其凝结降水。"人工降雨"需要特殊的环境条件才能奏效，并非每次干旱都能适用，所以平时珍惜水资源才是减缓旱灾的根本做法。

大气中有足够的水汽，是进行人工降雨的先决条件，但目前最多只能增加约15%的降雨几率。（图片提供/达志影像）

会发生干旱。例如印尼地区逢圣婴年而伴随发生的干旱，就是圣婴现象造成当地被高气压笼罩，降雨量锐减所引起。

（图片提供/GFDL）

气象观测

观看气象报告时，都会看见播报员展示一张绘有各种弯曲线条及符号的地面天气图，这就是气象人员用来分析天气变化，并制作天气预报的基本工具。

地面天气图的内容

自17世纪起，欧洲人开始以科学方法观测气象并收集资料，同时开始设想：是否有办法迅速得知远方的天气状况。公元1820年，德国人H.W.布兰德斯将不同地点的气压、风向、风速与气温标示在地图上，并以等值线表示各地高低气压中心后，第一张宏观天气图就此诞生。它是一张标示出特定时刻各地天气状况的一览图，我们在天气报告中所见的地面天气图，正是这种图的简化版。

地面天气图的曲线是所谓的气压等值线，气象人员可由此区分出高压（H）和低压（L）的位置与范围，以及高、低压之间的锋面走向，并依此做进一步气象预测。有时，图上还会有晴天、雨天的标记，让我们更容易了解各地的天气状况。

浮标观测站是较少见的气象观测工具，它的观测项目除了大气压力、风速、风向和气温，还包括了水温及波浪状态等水文资料。（图片来源/NASA）

为了进行天气观测的工作，各个国家或地区都设有专门的天气观测及预报单位，负责收集、统一整理来自各地区的气象观测资料。图为台湾气象局。（摄影/简瑞龙）

绕极卫星接收天线

天文望远镜

GMS-5卫星接收天线

气象观测用的探空气球，下方悬有无线电探空器，可用来探测3万米高空的大气压力、气温、湿度、风向及风速等资讯。（图片提供/达志影像）

可见光云图对一般人较陌生，但它具备清晰的云层影像，是判读云层分布的基础资料。（图片来源/NOAA）

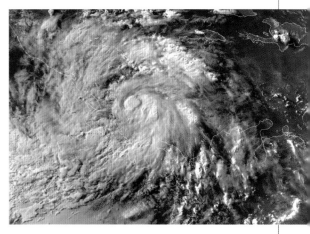

降雨几率的迷思

气象预报中的"降雨几率"，是指预报有效时间内（通常是12小时），一地发生降雨的几率大小。"降雨几率"关心的是降雨的可能性，至于降雨时间、雨势大小、雨量多寡等，并不在预报员的预测范围内。因此有时会出现降雨几率是100%，但雨势连绵细小；或是降雨几率50%，却下起午后雷阵雨的情形。但一般人常将降雨几率和降雨情形混淆在一起，因而误解了预报员的播报内容。

 ## 天气图的好搭档：卫星云图

美国在1960年将第一颗气象卫星发射升空后，科学家便能通过卫星拍摄的云图，来观测地表的云层性质及分布状态。卫星云图可略分为可见光云和红外云图，前者是以可见光拍摄肉眼可见的云层分布情况；后者则是通过云层辐射出的红外线，来强调云层的垂直结构。

通过卫星云图的帮助，我们可以更清楚了解何处晴朗无云、何处会成云降雨，它还作为地面天气图的佐证，有助于我们进一步预测天气变化。

为了使人们更容易了解云层分布状态，红外线云图大多会为云层及海陆添上颜色。（图片来源/NOAA）

天气预报

（图片提供/NOAA）

明年的夏天，每个人都可以预测会和今年夏天一样炎热；但是明天的天气如何，没有人能够精确描述。预测气象在今天已经不是梦想，但做到精确的天气预报仍是气象学家努力的目标。

气象预报中心的人员在此汇集整理来自国内外提供的气象资讯，进行气象预报。（图片提供/达志影像）

从观测到预测

自18世纪起，气象学家通过实地观察来累积气象资料，并借此研究各种天气现象从形成到发展的原因和过程。气象学家的目的只有一个：了解天气现象的原理，进而预测未来的天气变化。

一开始，气象学家只能依靠天气系统的延续性及过去经验，来推估明天可能发生的变化。例如：当一道锋面通过时，某地可能会下雨；一个暴风雨的移动方向和速度若是不变，某地将于几天后受风雨侵袭。随着气象观察、研究与理论的逐渐成熟，这种"持续法"的预测方式也逐渐进步，但是精确度很低，预报内容也很粗略。

运用电脑的天气预报

随着科技进步，各种新式观测仪器的使用，让气象观测的资讯量及精确度都大幅增加；而电脑的发明与应用，则让气象学家能通过电脑在短时间内进行大量而繁杂的分析运算，来模拟真实的天气变化。1950年，美国普

除了固定式的多普勒雷达站，小型的多普勒雷达也能架设在车子上，随时前往各地进行观测，获得更直接而详尽的资料。（图片提供/达志影像）

林斯顿大学完成史上第一份电脑天气预报后，天气预测的方法便由传统的持续法跃进到数值模式。现今，各国的气象中心每天接收来自国内及世界各地的观测资讯后，都以超级电脑进行气象资料的分析和汇整工作，模拟出未来数天内可能发生的天气变化，以作出最接近真实的天气预报。

蝴蝶效应

"一只蝴蝶在巴西轻拍翅膀，可以导致一个月后德克萨斯州的一场龙卷风。"美国气象学家罗伦兹（Edward Lorenz）提出"蝴蝶效应"的比喻，来解释天气预报的瓶颈：自然界中任何一个微小的变化，都可能通过不断的累积及扩张，最后造成远地天气在未来的极大差异。蝴蝶效应虽然点出了天气预测的困难度，但气象学家仍努力运用各种方法，期望能提供更准确的预报内容与更长的有效预报时间。

动手做鲤鱼旗

每年阳历五月五日是日本的端午节，同时也是男儿节。在这天，有未成年男孩的家庭，都会在门口用长旗竿悬挂鲤鱼旗，祈求男孩健康长大。随风飘扬的鲤鱼旗，我们可用来测定风向呢！材料：塑料袋、活动眼睛、相片胶、双面胶、纸杯、涂改液、棉线。

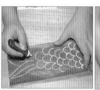

1. 将塑料袋裁开摊平，尺寸约是刚好可以包覆纸杯一圈的大小（约20厘米×30厘米），并于塑料袋上用涂改液勾勒出鱼鳞的形状与鱼尾上的线条。
2. 将纸杯剪短，留下杯口的部分，并将塑料袋前端用双面胶固定包覆于杯口。
3. 将塑料袋后半部剪成鱼身的形状，并用双面胶将鱼身粘合。
4. 于鲤鱼口钻上2个小孔，并固定一段棉绳，再将活动眼睛黏上。

（制作/杨雅婷）

图为通过电脑显现的台风信息影像，预报中心的大型电脑可将收集来的信息整合成图像，让气象人员更容易判读相关信息。（图片提供/达志影像）

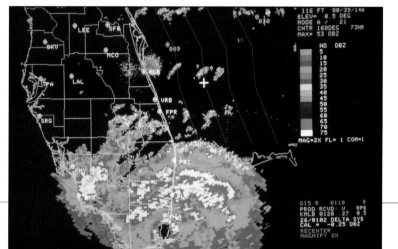

英语关键词

天气	weather	副热带，亚热带	subtropical
气候	climate	北极	North pole
气象	meteorology	太阳	sun
季节	season	热	heat
温暖	warm	辐射	radiation
寒冷	cold	紫外线辐射	UV radiation
潮湿	wet	彩虹	rainbow
干燥	dry	水循环	water cycle
空气	air	雾	fog
大气，大气层	atmosphere	露	dew
对流层	troposphere	霜	frost
平流层	stratosphere	雨	rain
环流	circulation	毛毛雨	drizzle
乱流	turbulence	雪	snow
科氏力	Coriolis force	冰雹	hail
赤道	equator	暴风雨	storm
热带	tropical	梅雨	East Asian rainy season

洋流	ocean current
风	wind
微风	breeze
台风	typhoon
飓风	hurricane
季风	monsoon
龙卷风	tornados
云	cloud
积云	cumulus
卷云	cirrus
层云	stratus
积雨云	cumulonimbus
闪电	lightning
雷	thunder
气压	atmospheric pressure
气团	air mass
锋面	front

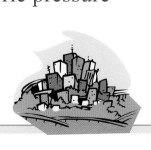

冷锋	cold front
暖锋	warm front
滞留锋	stationary front
气旋	cyclone
洪水	floods
干旱	drought
寒潮	cold wave
沙尘暴	dust storm
气压计	barometer
温度计	thermometer
气象雷达	weather radar
气象卫星	weather satellite
预报	weather forecast
气候学家	climatologist
世界气象组织	WMO
热岛效应	urban heat island
蝴蝶效应	butterfly effect

新视野学习单

1 试举出进行气象观测时一般会测量的项目，至少3个。

———————、———————、———————
（答案在07页）

2 下列有关阳光、空气、水相互影响的描述，哪些正确？
（　）大气层会将太阳的辐射全部吸收后，再辐射到地表。
（　）地表空气被加热后，会形成上升气流。
（　）水吸收太阳辐射的能量后，会蒸发形成云。
（　）大气层会通过温室效应，将太阳辐射的能量保留在地表。
（　）风的流动、水的循环，背后的原动力都来自太阳。
（答案在08—09页）

3 试举出水留存在地表上的方式，至少3种。

———————、———————、———————
（答案在10—11页）

4 下列有关大气中各分层的描述，哪些正确？
（　）对流层是最接近地表的一层。
（　）平流层中聚集了很多臭氧。
（　）中间层的温度最低。
（　）热层能直接受到地表加热的作用。
（　）热层的密度最低。
（答案在12—13页）

5 天空中变化多端的云各有特色。连连看，下列各种云的特征是什么？

积雨云·　　　　　·颜色洁白，如羽毛般飘在高空中。
　卷云·　　　　　·外观厚实，布满天空，常出现在雨天。
　层云·　　　　　·如大花椰菜，常出现在晴天。
　积云·　　　　　·在短时间内形成，有如暗色的巨大堡
　　　　　　　　　　垒，可能带来冰雹和暴雨。
（答案在16—17页）

6 下列哪些降水或水汽形态出现在0℃以下的环境中？

—————雨、—————雾、—————雪
—————露、—————霜
（答案在16—19页）

7 下列关于气压、气团与锋面的描述，哪些正确？
（　）当空气加热时，体积会膨胀，密度变小，气压便降低。
（　）高气压所在处常有上升气流，云雨容易发展，天气较差。

（　）低气压存在的地方下沉气流较旺盛，云雨不容易发展，天气比较好。

（　）暖锋会带来间歇性的阵雨，而且雨势较大。

（　）冷锋过后天气会转凉。

（　）滞留锋出现在一地上空时，会带来长时间的持续性降雨。

（答案在14—15，22—23页）

8 下列有关季风气候的描述，哪些正确?

（　）大面积海陆地形造成的冷暖差别，是形成季风的先决条件之一。

（　）推动季风的是压力相差甚多的高气压及低气压。

（　）季风变换最显著的季风气候区位于北美洲东南部。

（　）由于受到相同的季风影响，季风气候区内的所有地区气候都相同。

（　）冬季时，西伯利亚冷高压是东亚冬季季风的主角。

（答案在24—25页）

9 连连看，以下天气现象是怎样发生的?

闪电·　　　·短时间内发生极大量的降水，或长时间的连续降水。

打雷·　　　·云里面或云和地表间大量正负电荷放电的现象。

台风、飓风·　　·长时间、持续性的降水缺乏。

干旱·　　　·暖湿海洋上热带性低压持续发展而成。

洪水·　　　·闪电形成时，空气被极速加热膨胀后产生的噪音。

（答案在20—21、26—29页）

10 下列有关气象报告与预测的叙述，哪些正确?

（　）降雨几率90%是指未来有90%时间都在下雨。

（　）有了气象卫星后，我们常利用卫星云图资料来辅助气象报告。

（　）在应用电脑科技和数据模式来进行天气预测后，人类已经能完全掌握天气的变化。

（　）"蝴蝶效应"是指大气中某一个微小的变化，最后可能造成远方天气发生巨大的改变。

（答案在30—33页）

我想知道……

这里有30个有意思的问题，请你沿着格子前进，找出答案，你将会有意想不到的惊喜哦！

开始！

温度计是谁发明的？ P.07

世界第一座气象观测站设在哪里？ P.07

如果没效应，怎样？

雷声是怎么产生的？ P.21

低气压、高气压会带来什么样的天气？ P.22

东亚地区的梅雨出现在什么时候？ P.23

太棒得美牌。

为什么树木被闪电击中后会爆裂？ P.21

世界第一张宏观天气图是哪个人制作的？ P.30

世界第一颗气象卫星在哪一年升空？ P.31

"蝴蝶效应"是指什么？ P.33

霜是怎么形成的？ P.19

如何施行人工降雨？ P.29

为什么台风过境时，焚风会特别明显？ P.27

颁发洲金

太厉害了，非洲金牌也是你的！

冰雹是怎么形成的？ P.19

积雨云出现时，通常代表将发生什么天气变化？ P.16

云可依外形分为哪3大类？ P.16

龙卷风特征？

有温室地球会

P.09

为什么地球会出现四季的变化？

P.09

为什么赤道和北极的温度差这么多？

P.09

不错哦，你已前进5格。送你一块亚洲金牌！

水循环有哪3个"大储存槽"？

P.10

了，赢洲金

冷锋、暖锋带来的雨势有什么不同？

P.23

世界上季风现象最显著的地区是哪两个地方？

P.25

地球的水资源中，人类能利用的淡水占多少？

P.11

太好了！
你是不是觉得：
Open a Book！
Open the World！

季风气候的特征是什么？

P.25

天气现象发生在大气层中的哪一层？

P.12

大洋牌。

为什么台风眼内会出现晴朗无云的好天气？

P.27

台风与飓风有什么差别？

P.26

臭氧聚集在大气层中的哪一层？

P.13

有什么

P.15

风是怎么形成的？

P.15

获得欧洲金牌一枚，请继续加油！

谁证明了大气压力的存在？

P.14

图书在版编目（CIP）数据

天气与气候：大字版 / 涂焕昌撰文．—北京：中国盲文
出版社，2014.5
（新视野学习百科；06）
ISBN 978-7-5002-5134-7

Ⅰ．①天… Ⅱ．①涂… Ⅲ．① 天气学—青少年读物 ② 气候学—
青少年读物 Ⅳ．① P4-49

中国版本图书馆 CIP 数据核字 (2014) 第 090210 号

原出版者：暢談國際文化事業股份有限公司
著作权合同登记号 图字：01-2014-2129 号

天气与气候

撰　　文：涂焕昌
审　　订：刘昭民
责任编辑：张文韬
出版发行：中国盲文出版社
社　　址：北京市西城区太平街甲 6 号
邮政编码：100050
印　　刷：北京盛通印刷股份有限公司
经　　销：新华书店
开　　本：889×1194　1/16
字　　数：33 千字
印　　张：2.5
版　　次：2014 年 12 月第 1 版　2014 年 12 月第 1 次印刷
书　　号：ISBN 978-7-5002-5134-7 / P·40
定　　价：16.00 元
销售热线：（010）83190288 83190292　　　　　　　版权所有　侵权必究

新视野学习百科 100 册

打开一本书

看懂一个世界

Open a Book

Open the World

新视野学习百科

ISBN 978-7-5002-5134-7

9 787500 251347 >

定价：16.00 元

中国环境标志

CHINA ENVIRONMENTAL LABELLING

绿色印刷产品

大字版·国家彩票公益金资助

台湾引进 | 新视野学习百科 **66**

●历史与社会●

人类的进化

从南猿、巧人、直立人到智人，
人类在每个进化的阶段，改变了什么？
人类学家和考古学家
又是怎样推论出人类老祖先进化的过程？

北京市绿色印刷工程——优秀青少年读物绿色印刷示范项目

让知识的光芒照亮我们的人生

　　每个孩子都有好奇心，他们总是以各种方式观察和思考周围的世界。生命是怎么起源的？世界上有多少种蝴蝶？人类什么时候能登上火星？人类最终能与细菌病毒和平相处吗？千百年来，人们不断破解大自然的谜团。但是，在我们生活的世界又有太多的谜团！

　　世界多么奇妙啊，宇宙浩渺无垠，隐藏着无数奥秘，它到底是什么样子？未来它又会怎样？也许有人会说，这样的问题还是留给科学家去研究吧，我们要关心的是人类的地球家园。可是，对于地球我们又了解多少呢？比如，恐龙为什么会灭绝？气候变化是什么原因造成的？人类，还有其他的生物还在进化吗？如果还在进化，那么几亿年之后，我们人类，还有大猩猩、长颈鹿、袋鼠、蜂鸟……会变成什么样呢？有人会说，这样的问题都是科学家们争论不休的，我们还是讨论一些现实问题，比如PM2.5，交通拥堵，水资源短缺，手机辐射，转基因食品等等，而要解答这些问题，我们现有的知识是远远不够的。

　　怎么办呢？那就让我们翻开这套《新视野学习百科》吧。这是一个巨大的、仿佛取之不尽、用之不竭的知识宝库。它既告诉我们科学家在探索中取得的成就，也告诉我们他们曾遇到的挫折和教训，还有他们未来的努力方向。它不仅帮助我们学习科学和文化、提高学习能力，更让我们学会探索和发现通往真理的道路。

　　这套从台湾引进的学习百科全书，每一册都独具匠心地设计了许多有趣的问题，让孩子们在阅读前进行思考，然后再深入浅出地引导他们探索世界科技和人文的发展。它让孩子们带着兴趣去阅读，带着发现去研究，带着知识去成长，带着理想去翱翔。它不仅能带给孩子学习的热情和创造力，也会给老师和家长意外的惊喜和收获，真可以称得上是我们触手可及的"身边的图书馆"和"无围墙的大学"。

　　让我们一起翻开《新视野学习百科》吧，它不仅是孩子们的好朋友，也一定是成年人的好朋友……

　　　　　　　　　　　　　　　　　　　　张海迪